图书在版编目（CIP）数据

无处不在的爬行动物/（英）卡米拉·德·拉·贝杜瓦耶著；
（德）布丽塔·泰肯特鲁普绘；王艳译. -- 福州：海峡书局，2023.5
书名原文：There are Reptiles Everywhere
ISBN 978-7-5567-1041-6

Ⅰ.①无… Ⅱ.①卡… ②布… ③王… Ⅲ.①爬行纲—儿童读物
Ⅳ.①Q959.6-49

中国版本图书馆CIP数据核字（2022）第257142号

引进版图书合同登记号 13—2023—007
First published in the UK by Big Picture Press，An imprint of Bonnier Books UK
4th floor Victoria House, Bloomsbury Square London WC1B 4DA +44(0)20 3770 8888
Owned by Bonnier Books
Illustrations copyright © 2020 by Britta Teckentrup
Text copyright© 2020 by Camilla de la Bedoyere
Design copyright ©2020 by Big Picture Press

本书中文简体专有出版权经由 Bonnier 独家授权
本书中文简体版权归属于银杏树下（北京）图书有限责任公司

无处不在的爬行动物
WUCHUBUZAI DE PAXINGDONGWU

作　者：[英] 卡米拉·德·拉·贝杜瓦耶 著
绘　者：[德] 布丽塔·泰肯特鲁普 绘
译　者：王艳
出版人：林彬
选题策划：北京浪花朵朵文化传播有限公司
出版统筹：吴兴元
编辑统筹：冉华蓉
责任编辑：廖飞琴　龙文涛
特约编辑：崔佳　潘惠同
装帧制造：墨白空间·张静涵　曾艺豪
营销推广：ONEBOOK
出版发行：海峡书局
社　址：福州市白马中路15号海峡出版发行集团2楼
邮　编：350004
印　刷：鹤山雅图仕印刷有限公司
开　本：635mm × 965 mm 1/8
印　张：4
字　数：10 千字
版　次：2023年5月第1版
印　次：2023年5月第1次印刷
书　号：ISBN 978-7-5567-1041-6
定　价：76.00 元

读者服务：reader@hinabook.com 188-1142-1266　　投稿服务：onebook@hinabook.com 133-6631-2326
直销服务：buy@hinabook.com 133-6657-3072　　官方微博：@浪花朵朵童书

浪花朵朵

无处不在的
爬行动物

[英]卡米拉·德·拉·贝杜瓦耶　著

[德]布丽塔·泰肯特鲁普　绘　　王艳　译

海峡出版发行集团 | 海峡书局
THE STRAITS PUBLISHING & DISTRIBUTING GROUP

看！它们是爬行动物！

爬行动物是体表覆盖着鳞或甲的动物。它们分布广泛，从咸咸的大海到潮湿的丛林，到处都有它们的身影。它们游泳、爬行、奔跑或滑翔，以便寻找食物或者躲避敌害。最小的爬行动物比人的拇指指甲还要小，而最大的蛇和鳄鱼可以长到7米多长。

甲龙

沙漠地鼠龟

蓝岩鬣蜥

高冠变色龙

海鬣蜥

马达加斯加残趾虎

希拉巨蜥

红耳龟

无齿翼龙

眼镜凯门鳄

靴脚陆龟

图鼻巨蜥

尼罗鳄

绿冠蜥

黑头巨蝰

迷你变色龙

这些爬行动物中，有两种已在大约6500万到7000万年前灭绝了，其他的直到今天仍分布在世界各地。你能找出灭绝的是哪两种爬行动物吗？

这就是爬行动物！

爬行动物没有皮毛和羽毛，它们的皮肤覆盖着鳞片或者骨板，也有一些同时覆盖鳞片和骨板。大多数爬行动物产卵，但也有些会像绝大多数哺乳动物一样直接产崽。

龟鳖目

海龟和陆龟没有牙齿，但它们有坚硬的喙。它们的骨质硬壳像盘子一样，被称为**盾片**，能够保护它们柔软的身体。龟壳的顶部称为**背甲**，较平的底部称为**腹甲**。

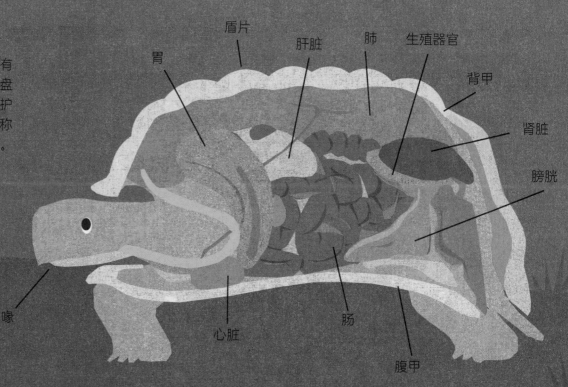

盾片　肝脏　肺　生殖器官
胃　　　　　　　　　　背甲
　　　　　　　　　　　肾脏
　　　　　　　　　　　膀胱
喙
　　心脏　　肠　腹甲

冷　血

爬行动物是冷血动物，无法像人类一样保持恒定的体温。它们需要晒太阳取暖，而体温过高时则需要去阴凉处降温。

肺活量

海龟的肺活量非常大，当肺里有足够的空气可供消耗时，它们就可以长时间在海面下活动了。

这是个大家族！

你找出已经灭绝的那两种爬行动物了吗？
是甲龙和无齿翼龙！

恐龙属于爬行动物，如**甲龙**。恐龙最早出现在2.4亿年前，统治了地球大约1.74亿年。

无齿翼龙是一种会飞的大型爬行动物，它们有着长长的颌，颌中没有牙齿。无齿翼龙不是恐龙，它们属于翼龙目。

鳄鱼

全球约有25种鳄鱼，它们构成了大型爬行动物中的鳄鱼家族。鳄鱼家族的成员们，有着长长的覆盖着骨板的身体，颌也很长，可以咬住鱼类。鳄鱼家族包括短吻鳄、凯门鳄和稀有的长吻鳄等。长吻鳄的鼻子细长，口中有锋利的牙齿。

长吻鳄

蜥蜴

蜥蜴大多都有四肢和尾巴且行动迅速。绝大多数的蜥蜴都有锋利的爪。壁虎有脚趾并且脚趾上有黏性可以抓取树枝，飞行壁虎的指、趾端扩展，其下方形成皮肤褶襞，拥有翼膜，可以像悬挂式滑翔机一样在空中滑翔。

飞行壁虎

蛇

蛇没有腿，其身体形状独特，可以滑行。蛇身体下面的鳞片像鞋底一样抓着地面，肌肉呈波浪形移动，帮助其以S形从一侧到另一侧向前推进。

椎骨

胃

气管

毒牙

肝脏

分叉的舌

肾脏

大肠

肋骨

肺

心脏

生殖器官

小肠

鳄鱼是恐龙的近亲，与很多恐龙一样，它们的身体上也有骨板。

在如今的爬行动物身上仍能看到类似恐龙的特征。**杰克森变色龙**有三只角，看起来有点像**三角龙**！

爬行动物自古有之

爬行动物已经生存了3.12亿年，远远早于体表被毛动物。相比之下，人类在这个星球上仅仅生活了大约20万年！

2.1亿年前出现了具有骨质外壳的爬行动物——**原颚龟**，它们看起来比现在的龟可怕多了。它们的颈部有一排尖刺，尾巴也像长满尖刺的棒子一样，可以猛击想捕食它们的天敌。

原颚龟

3.3亿—3.4亿年前

温泉蝾

原鳄

原鳄，看起来像长腿蜥蜴，在陆地和水中都能快速行动。它们有着强壮的颌，用尖利的牙齿捕食蜥蜴等动物。

所有的爬行动物都是由像**温泉蝾**这样的两栖动物进化而来的。温泉蝾与现在的青蛙和蟾蜍一样，都在水中产卵。

正南龟

林蜥

生活在大约3.12亿年前的**林蜥**极有可能是最早的爬行动物之一。它们有着锋利的牙齿，以早期昆虫为食，并将卵产在陆地上。

正南龟曾长期被认为是最原始的龟鳖目动物。它们的肋骨又大又宽，龟壳极有可能由此形成。

1.2亿年前，地球上生活着一种长相奇特、有四条小腿的蛇，这种蛇被叫作**四足蛇**。四足蛇的身体很长，可以像现在的蟒蛇一样将猎物挤压致死。

四足蛇

楔齿蜥看起来像蜥蜴，但它并不是。它与恐龙时代的爬行动物非常相似，被称为"活化石"。楔齿蜥及其祖先在新西兰已经生活了8000多万年了。

楔齿蜥

现在

帝鳄

神奇的是一些爬行动物存活下来了。小行星撞击地球的600万年后，大型蛇类在充满水汽的史前雨林中爬行，如**泰坦蟒**，它们的体长可达14米。

帝鳄生活在1.12亿年前，是大型食肉动物，它们的体长跟公共汽车差不多。这种巨鳄有强大的颌，长有超过120颗牙齿。

泰坦蟒

古巨龟

古巨龟是史上最大的龟类之一，生活在7000万年前的海洋中，它们以湿软的水母、鱿鱼和章鱼为食。**古巨龟**的平均体长约为4米。

大约6600万年前，一颗燃烧的巨大小行星撞击了地球。撞击引起了大火，致命尘埃遮蔽了整个天空，地球上四分之三的动植物都因此灭绝。

爬行动物生活在哪里？

虽然爬行动物喜欢温暖的地方，但它们几乎可以在任何地方安家。它们需要的仅仅是一些食物和一个能帮助它们调节体温的藏身之所。

狡猾的洞穴蛇

对于大多数爬行动物来说，阴暗的洞穴并不是理想的捕猎场所。但墨西哥的坎特莫洞却为**黄红伪锦蛇**提供了美味的食物。黎明时分，它们倒挂在洞穴顶部等待美餐到来——成百上千只飞回洞穴睡觉的蝙蝠。

黄红伪锦蛇

海鬣蜥

咸咸的海蛇

长吻海蛇终生生活在大海中，用扁平的桨状尾部游泳。它们一旦发现美味的鱼，就会向后游动，找到进攻的完美位置后用尖牙中的毒液制服猎物。

长吻海蛇

深海潜水者

海鬣蜥生活在厄瓜多尔的科隆群岛，它们以海草和甲壳类动物为食，每次潜入海面觅食的时间可长达半小时左右。

会变色的壁虎

新西兰的斯图尔特岛冬季潮湿多风，在此生活的**斯图尔特壁虎**有对抗寒冷的妙招：它们鲜艳的皮肤会变得黯淡，而较暗的颜色比浅色能更快地吸收阳光。

斯图尔特壁虎

沙漠爬行动物

沙漠炎热干旱且少雨，几乎没有植物生存，但有一些爬行动物适应了这样的生存环境。有些生活在沙漠中的爬行动物会尽量避免在温度相对更高的白天活动，它们有的在洞穴中躲避炎炎烈日，有的则栖身在岩石缝中。

响尾蛇

大部分蛇穿越沙漠都比较费力，因为沙漠的细小沙粒不断移动使它很难抓住地面。为了解决这个问题，**角响尾蛇**将身体盘绕成S形，每次只用身体的两部分接触热沙，这样的爬行方式既凉爽又快速。

角响尾蛇

降 温

北美的索诺兰沙漠白天非常热，但晚上却会变得很冷。**沙漠地鼠龟**在此生活，它们的脚是铲形的，可以在软沙中挖洞，挖掘的地洞帮助它们白天躲避太阳，晚上舒服地休息。

沙漠地鼠龟

食蚁者

全身布满鳞甲刺的**澳洲魔蜥**生活在澳大利亚的沙漠中，它们以蚂蚁为食，每顿能吃掉成百上千只。

澳洲魔蜥多刺的身体为输送水分提供了方便。沙漠在夜间降温，澳洲魔蜥的背部凝结的露珠会顺着刺之间的凹槽流动，最终流入它们的口中。

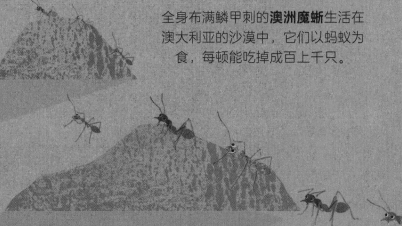

澳洲魔蜥

雨林爬行动物

加里曼丹岛是位于东南亚的大型岛屿，也是爬行动物的"天堂"。从世界上最长的蛇到飞蜥，250多种爬行动物愉快地生活在这片湿热的雨林中。这里气候温暖宜人，既有大量的食物，也有很多藏身之地。

靴脚陆龟

飞蜥

小心！这条**飞蜥**正在移动！当它滑翔向另一棵树时，肋骨之间薄薄的翅膀状皮肤会像降落伞一样展开。滑翔可比爬上爬下快多了。

靴脚陆龟保护卵的方式是在卵的上面堆一层树叶。如果捕食者在周围窥探，它会迅速堆叠更多的树叶，并趴在上面守护它的卵。

聪明的**太阳龟**随时保持着警惕。虽然有坚硬且边缘锋利的外壳，但它们仍无法抵抗湾鳄等凶猛捕食者的攻击。

太阳龟

湾鳄潜伏在阴影中，它们的鼻孔和眼睛都长在头顶，寻找猎物的同时又可以避开它们的（如"美味"的太阳龟）视线。

湾鳄

你能找到吗？

小巧精致的**绿冠蜥**在树林中穿梭而过。它们的皮肤是亮绿色的，与树林融为一体，但当它们害怕时，皮肤就会变成棕色。树林中隐藏着6只绿冠蜥，其中有几只感到害怕呢？

小心饥饿的**蓝长腺珊瑚蛇**！它头部和尾部的亮橙色警告着捕食者自己非常危险，仅需几分钟，它的毒液就能让捕食者丧命。幸运的是，它们最喜欢的食物并不是人，而是其他的蛇。

蓝长腺珊瑚蛇

大壁虎

在雨林中，你可能会听到一种发音类似"托凯，托凯"的奇怪声音，这是长满橘黄色或灰蓝色斑点的**大壁虎**正在恐吓敌人或者吸引配偶。

千万不要靠近**马来鳄**！它的80多颗锋利的牙齿可不是摆设！

马来鳄

蛇怪蜥蜴有个不可思议的天赋——在水面上奔跑。它们脚趾细长，脚底下有鳞片，这能使水面产生气泡，因此当它们踩着气泡快速跑过水面时，就不会掉进水里。

网纹蟒

蛇怪蜥蜴

世界上最长的蛇即将潜入水中。这是一条**网纹蟒**，它的体长一般在1.5~6米。雌性网纹蟒产卵后通过间歇性肌肉收缩控制孵化温度，大约2~3个月幼蟒才会破壳而出。

爬行动物吃什么？

地球上成千上万种爬行动物中，有的以植物为食，有的以动物为食，还有一些是杂食性动物，两者都吃！

食草类爬行动物

马达加斯加岛为爬行动物提供了很多美味的食物。

喜好甜食

晚上，**壁虎**开始外出觅食，它们有的捕捉虫子，有的更喜欢花蜜——花制造的含糖液体。

缓慢而稳定

龟鳖目动物行动缓慢，所以它们无法追赶和捕捉快速移动的动物。这就是为什么它们中的大多数以植物或者小虫子为食。

你能找到吗？

侏儒枯叶变色龙为了躲避捕食者会伪装成枯叶。在棕色的、鳞片状并且比拇指还要小的情况下，是很容易躲过捕食者的。你能数一数本页有几只侏儒枯叶变色龙吗？

辐纹陆龟

孔雀日行守宫

马达加斯加残趾虎

云石守宫

马赛瓦拉费氏虎

食肉类爬行动物

蛇、鳄鱼和蜥蜴拥有动物世界中最令人赞叹的武器和捕食技能。

地毯蟒

安静等待

蟒蛇是喜欢**伏击的捕食者**，它们会躺着等待猎物不经意地路过。因为蟒蛇带有花纹的皮肤与环境能够融为一体，所以它们即使在附近也很难被猎物察觉。

高冠变色龙

可伸缩的舌头

变色龙的舌头是蜥蜴中最长的之一——最长可达自身长度的一倍以上！这种长舌头能帮助变色龙快速抓住猎物，还能让它们用舌头末端的粘性凸起物把猎物拉进口中。

独特的感官

人类用眼睛去看、用鼻子去闻食物，但**蝮蛇**则是用其他感官追踪美食。它们眼睛下方有独特的凹坑，可以感受到其他动物身体上散发的热量。

白唇竹叶青蛇

尼罗鳄

致命落水

死亡翻滚是所有鳄鱼的秘密武器。它们用强壮有力的颌将猎物拽到水下，随后不断地旋转身体将其撕碎。

科莫多巨蜥

世界上最大的蜥蜴是**科莫多巨蜥**，它可以长到3米长。这种凶猛的食肉动物生活在印度尼西亚的科莫多岛和附近其他岛屿上。作为食肉巨蜥，科莫多巨蜥以岛上的野猪、鹿、猴子、蛇等为食，有时也会捕食弱小的同类及幼体。

巨蜥的武器

与其体形和力量相匹配，科莫多巨蜥具有杀手的本能和可怕的武器。它们能以每小时20千米的速度奔跑，不过它们很少凭速度狩猎，而是更喜欢伏击猎物。

牙齿和唾液： 每条科莫多巨蜥都有将近60颗牙齿，锯齿状的牙齿像面包刀一样，具有极强的破坏力。它们的唾液有毒，一旦咬伤猎物，毒液就会进入猎物的血液。

你能找到吗？

科莫多巨蜥最喜欢的食物是什么？科莫多巨蜥幼崽一定榜上有名！你能找到躲在成年巨蜥身体下的幼崽吗？

肌肉： 强壮结实的腿和力量强劲的尾巴是科莫多巨蜥之间较量的重要武器。

进攻

科莫多巨蜥并不介意等待美食，即便不吃东西，它们也能存活很多天。它们会在森林小路的阴影中藏身数小时等待野猪或鹿的到来，然后向它们发起攻击。

感官：科莫多巨蜥的视力和听力都不是很好，但是它们分叉的舌头既是敏锐的味觉器官，也是嗅觉器官。

颌：强壮有力的颌可以碾碎硬脆的骨头。科莫多巨蜥会把嘴张得很大，以便吞咽大块的食物。

爪：科莫多巨蜥的爪锋利弯曲，非常容易扎入猎物体内。

最 后

巨蜥凶猛的力量使其可以在数秒内快速制服猎物。一条巨蜥一次可以吃掉相当于自身体重80%那么重的猎物。即便野猪、山羊或鹿等猎物逃脱了巨蜥的钳制，也会很快因中毒而死。

巨蜥家族

科莫多巨蜥属于**巨蜥科**爬行动物，古巨蜥、希拉巨蜥和墨西哥毒蜥都属于**有鳞目**家族。

古巨蜥

要是有一条6米长的蜥蜴做邻居，你觉得怎么样？4万年前，澳大利亚的土著人可能与身形巨大的**古巨蜥**生活在一起，它们的体形大约有科莫多巨蜥的两倍大。

希拉巨蜥

希拉巨蜥是一种有毒的蜥蜴，但它们的毒素并不致命。它们身体上的明亮条纹时刻警告着捕食者不要靠近。希拉巨蜥的体长大约有50厘米左右。

墨西哥毒蜥

墨西哥毒蜥毒性很强，不过它们也很胆小，经常藏在森林里的洞穴中。这些蜥蜴的尾巴非常粗壮，其中储存的脂肪是它们的能量储备。它们可以长到将近1米长，尾巴的长度几乎占了体长的一半。

阳光、阴凉与睡眠

爬行动物的身体机能与人类大不相同，身为冷血动物，它们的身体无法自行调节体温，而是要通过改变所处环境来保持合适的体温。晒太阳能够帮助它们促进血液循环和舒展肌肉，以便更好地活动和觅食；如果体温太高，它们就会找个阴凉处给自己降温。在气温骤降的时候，爬行动物会停止进食，并躲进地下、岩石下或安全的洞穴中开始"冬化"，进入冬化期后它们变得行动迟缓，很少活动，但并不会冬眠。

体温调节

人类的体温能稳定保持在37℃左右。当我们太冷时，身体会制造热量以控制体温；如果太热，身体则会通过排汗等方式来降温。因此，人类是**温血动物**，其他哺乳动物和鸟类也是温血动物。

鱼类、爬行动物和两栖动物的身体不能制造热量，也不能排汗降温，它们的体温取决于周围环境的温度，随时都在变化。我们称爬行动物为**冷血动物**。但是当天气炎热时，它们的血液比我们人类的还要热。

冬化状态

抱团取暖

大多数爬行动物独自生活，但天气寒冷时，它们会聚在一起取暖。在最冷的几个月里，**胎生蜥蜴**会在一个安全的地方睡觉度过，从而在漫长而寒冷的冬天存活下来。在此期间，它们不必进食，但如果口渴需要喝水，可能会醒来几次。

胎生蜥蜴

天气炎热时

爬行动物喜欢晒太阳。如果想要捕食或者逃跑，爬行动物的肌肉和血液必须足够温暖，这样它们才能快速移动。但是爬行动物晒太阳时要小心中暑，如果体温太高，它们就要找个凉爽的地方降降温。

彩虹飞蜥

天气寒冷时

爬行动物的肌肉因为太冷而无法正常活动，这时它们必须休息而不是寻找食物。

幸运的是，爬行动物不像温血动物那样消耗大量能量，所以即便它们连续多天不进食，状态也很好。

铜头蝮

缘翘陆龟

不需要，不白费力气

在半冬眠状态，一些爬行动物（比如**缘翘陆龟**）的消化系统的运转会放缓。毕竟，产生没有用处的能量毫无意义。

蛇的休眠聚会

当秋天来临时，**铜头蝮**会回到巢穴。它们的巢穴一般是中空的原木或岩石之间的空隙。通常铜头蝮们会挤在一起取暖，以抵御冬季的寒冷。

生 存

从爬行动物探出脑袋、降生到世界上的那一刻起，它们的脚步就必须快。饥饿的捕食者随处可见，随时想要来点儿"带鳞片的美食"。幸运的是，爬行动物有很多聪明的生存策略。

注意隐蔽！

爬行动物进化出了各种颜色和图案（条纹和斑点）来伪装它们的皮肤，以便与周围环境融为一体。

你能找到吗？

马达加斯加岛上约有15种**叶尾壁虎**，它们皮肤的颜色和质地与郁郁葱葱的热带雨林环境完美融合。你能找到有多少只叶尾壁虎躲在树林里吗？

生存大师

看起来好吓人！

鲜艳的颜色可以作为警示标志。**南美珊瑚蛇**身上的红黑白条纹警告捕食者赶紧离开。

看起来鬼鬼祟祟的！

牛奶蛇是无害的，但它们狡猾地模仿了南美珊瑚蛇的花纹，使捕食者误以为它们也很危险。

好多刺！

南非犰狳蜥体表覆盖着带刺的鳞片，遭到袭击时，它们会用嘴咬住尾巴，蜷缩成一个刺球保护自己。

南非犰狳蜥

看起来好恶心！

得州角蜥的眼睛可以喷血，看起来非常恶心，让捕食者难以下咽。虽然得州角蜥只有10厘米长，但捕食者看到这惊悚的一幕还是会赶紧避开。

得州角蜥

看起来很大！

当**伞蜥**受到惊吓时，它会张大嘴巴，撑开颈部的巨大褶皱，让自己看起来又大又吓人。如果这样对捕食者不起作用，它会立刻掉头逃跑。

伞蜥

紧急躲避！

龟鳖目动物结实的骨质硬壳可以保护其自身安全，它们会把头和腿都缩进龟壳中等待危险过去。

希腊陆龟

致命防御！

许多蛇都有毒液，这是动物王国里最强的防御手段之一。毒液是由附着在牙齿上的毒腺分泌的。有的蛇甚至会将毒液注入中空的牙齿中。

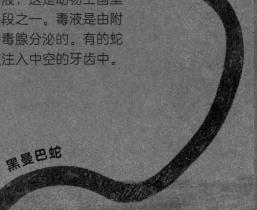

黑曼巴蛇

听起来好可怕！

当**响尾蛇**发出咝咝声时就是在警告你要跟它保持距离。为了制造更大的声响，它们会摇动死皮构成的尾巴尖部，聪明的动物们听到声响就会迅速撤离。

莫哈韦响尾蛇

爬行动物的父母

与哺乳动物不同的是，绝大多数爬行动物都是卵生的。许多雌性爬行动物产卵后就会离开，让后代独自生活，也有一部分会认真养育子女。不过，在爬行动物成家之前，它们都必须先求偶。

高冠变色龙

色彩斑斓

高冠变色龙可以在不到一分钟的时间里由暗棕色变为玫瑰粉或者亮蓝色。雄性变色龙想要跟情敌比拼，或向雌性展示自身魅力时，就会改变颜色。雌性如不想交配则会变成暗褐色或者黑色。

高冠变色龙

爸爸在哪儿？

大多数爬行动物的家都是由父亲和母亲共同创建的，但雌性**鳞趾虎**则可以独自完成整个过程。因为雄性鳞趾虎非常罕见，雌性鳞趾虎不交配就可以产卵。

称职的妈妈

雌性**森林响尾蛇**不产卵，而是直接产下幼蛇，并且悉心照料。有时它的姐妹们也很乐意帮忙照顾幼蛇。到了幼蛇需要独自生活的时候，蛇妈妈会指引它们去最好的地方筑巢。

鳞趾虎

森林响尾蛇

对于雄性来说，太热了！

鳄龟一生大部分时间都是在湖泊或者河流中度过的。夏天，雌性鳄龟会在河岸的沙子中埋下50多枚卵。如果天气炎热，所有的卵都会发育成雌性；如果天气凉爽，卵就会全部发育成雄性。

鳄龟

尼罗鳄的育儿方式

1.在交配季节，成年尼罗鳄聚集在湖边和河边。雄性鳄鱼会在水中摆动尾巴，吹泡泡，以此向雌性展示魅力。雌性如果喜欢雄性的表演，就会下水与雄性鳄鱼一起跳舞，随后交配。

2.一旦准备好产卵，雌性尼罗鳄就会在河岸上挖个洞。在洞中产下多达几十枚卵后，雌性尼罗鳄会用泥土和草轻轻覆盖在卵上，以此躲避饥饿的捕食者。

3.在接下来的三个月中，雌性尼罗鳄会夜以继日地守护巢穴。它们会趴在巢穴上面，必要时击退攻击者，甚至不会离去觅食。

4.卵开始孵化时，小鳄鱼会在卵壳内呼唤妈妈，雌性尼罗鳄一旦听到小鳄鱼的"嗯嗯"的叫声，就会把卵从巢穴中刨出来。

5.有时雄性尼罗鳄也会帮忙孵化幼崽。它们会将卵含在口中，轻轻翻转，直到幼崽破壳而出。

6.雌性尼罗鳄会用嘴巴轻轻地把小尼罗鳄叼到河边。

7.尼罗鳄父母会保护水里的幼崽，抵御螃蟹、鱼、鸟和狐獴的攻击。它们会照顾小尼罗鳄大概三个月，直到它可以独立生活。

乌龟的跋涉

太阳光落在温暖的热带沙滩上，一小堆沙子开始移动。地面之下，一只**棱皮龟幼崽**正破壳而出。它即将开启穿越太平洋的惊人之旅。

太阳下山后，月亮出现在新几内亚岛西部的上空。月光洒落的水面闪闪发光，指引着这只雌性棱皮龟幼崽和它的兄弟姐妹们（多达100只棱皮龟幼崽）从沙滩巢穴爬向大海。

雌性棱皮龟幼崽游向海底，海水会将它带到更开阔的海域，在此期间，它主要以小型动植物为食，一刻不停流涡的海水会带它到达海洋深处。

海浪将它卷入更深的水域，大量的海水会将它卷入更深的水域。雌性棱皮龟鱼聚集在这里捕食。雌性棱皮龟幼崽此刻非常危险，因为它实在太小了，小到可以放进茶杯里。

雌性棱皮龟会返回自己出生的沙滩产卵。它们极有可能是依靠地球的磁场来分辨方向的，但是它们的具体是怎样做到的，至今仍是个未解之谜！

它到达沙滩后就开始产卵，并将卵小心地埋在沙子里。随后，它爬回水中向东而行，准备踏上返回地球另一端的漫长旅程。

雌性棱皮龟幼崽开始横渡太平洋，几年后它将会到达大洋彼岸位于美国俄勒冈州的浅海。这里食物丰富，它能汲取足够的营养，直到体长接近2米。如此庞大的体形令大部分捕食者都望而生畏，无法攻击它。

现在是时候向西出发，回到它出生的新几内亚海滩了。它会花费一年多的时间穿越太平洋，行程长达16000千米。

你能找到吗？

幼年时期，棱皮龟可能会被鸟类、螃蟹、鱿鱼和鱼类（包括鲨鱼）等捕食的猎者吃掉。你能找到有几个正在觅食的猎者捕者呢？

爬行动物与人类

爬行动物与人类共存的历史很悠久。最初，人类崇拜爬行动物，但也常常对它们感到恐惧。逐渐地，科学家花费大量时间研究爬行动物，以此获取更多关于地球的信息，推测地球随着时间推移发生了哪些变化。现在，人们正积极探索与爬行动物和谐共处的方法，努力保护它们和它们赖以生存的家园。

神话与传说

从世界各地的神话故事和宗教传说中，我们都能感受到早期人类对爬行动物的尊崇。中美洲文明中有一位被称为Quetzalcoatl的**羽蛇神**，信奉他的人们认为他是风神、雨神和世界的创造者。

恐龙爱好者

作为爬行动物中的"明星"，很少有人不为恐龙着迷。现在，每年都有50种左右的新恐龙化石被发现，它们为科学家研究爬行动物的起源和进化带来了更多线索和依据。

致命的爬行动物

大多数爬行动物并不危险，但在世界的某些地方，人们确实应该畏惧它们。比如澳大利亚的毒蛇比其他任何国家的都多，**细鳞太攀蛇**一次排出的毒液就可以让近100个成年人丧命。

爬行动物与科技

变色龙可以改变皮肤颜色。这项技能启发了人们制作能够瞬间变色的衣服！科学家们已经研究出如何使一些布料随着温度变化而变换颜色的技术。

科学家们一直致力于研究**蛇皮上**的光滑鳞片，以制造更快、更高效的汽车。鳞片能减少摩擦力（使物体减速的力）。摩擦力小的汽车在行驶中消耗的燃料也少，这对保护地球环境很有价值。

濒危爬行动物

爬行动物可能没有毛茸茸的动物们看起来可爱，但是它们一直都在自然界中扮演着十分重要的角色。由于种种原因，很多爬行动物都已经灭绝或者濒临灭绝了。为了保护它们，让它们能够继续在地球上生存和繁衍，越来越多的人加入了保护爬行动物的队伍。

公民科学

在公民科学项目中，多组志愿者在当地寻找并统计不同种类的爬行动物，这样可以帮助科学家更了解它们，以便找到更好地保护它们的方法。

志愿者

在希腊的凯法利尼亚岛，志愿者与科学家在海龟孵化期间一起守护海龟卵，并在小海龟破壳而出后，引导它们顺利地进入大海。

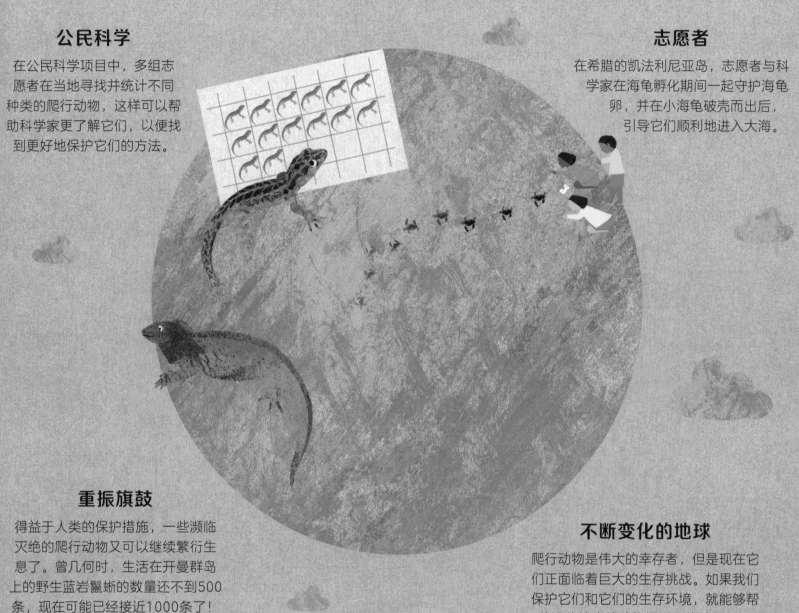

重振旗鼓

得益于人类的保护措施，一些濒临灭绝的爬行动物又可以继续繁衍生息了。曾几何时，生活在开曼群岛上的野生蓝岩鬣蜥的数量还不到500条，现在可能已经接近1000条了！

不断变化的地球

爬行动物是伟大的幸存者，但是现在它们正面临着巨大的生存挑战。如果我们保护它们和它们的生存环境，就能够帮助这些神奇的动物摆脱灭绝的厄运。

2000多年来，医生利用一些爬行动物的毒液来研制治疗蛇咬伤的药物。如今，爬行动物的毒液有助于制造治疗糖尿病和血液疾病的药物。

壁虎的脚具有独特的黏附功能，如果能找到模仿它们在墙壁上爬行和在天花板上倒立行走的方法，我们就可以制造出新型胶水和机器人。这样，机器人就可以爬到建筑物的侧面、修理桥梁，甚至清理太空中的卫星。